QuickTurtle Books®
en partenariat avec
Kenaf Partners USA Présente

Illustré par Mary Rensberry

Publié par: QuickTurtle Books LLC®

ISBN: 978-1-940736-60-0

https://www.booksmakebooms.com

Publié aux États-Unis d'Amérique

Kenaf Partners USA
sont des fournisseurs de graines de kénaf en quantités de lancement et en quantités commerciales.

En collaboration avec les autres, ils sont également à l'avant-garde de la recherche et du développement dans la croissance du kénaf, sa récolte et les différentes utilisations de ses produits dérivés.

Kenaf Partners USA
est situé à Onaway, Michigan.

Pour plus d'informations, vous pouvez visiter
Kenaf Partners USA
en visitant leur page Facebook à:
https://bit.ly/2CNH1or

website: https://kenafpartnersusa.com
e-mail: bob@kenafpartnersusa.com

Kenafpartnersusa

Une communauté de partage

La nouvelle culture commerciale de rotation pour les agriculteurs

Ce livre est un tremplin et représente une opportunité en or pour les agriculteurs. En partenariat avec Kenaf Partners USA, les agriculteurs ont une opportunité de plain-pied de planter, de cultiver et de récolter l'hibiscus « kénaf » pour ses précieuses graines. Le Programme pilote de production de graines de Kenaf Partners USA est en cours et devrait être essentiel pour la présentation du kénaf comme culture commerciale de rotation; il contribue également de manière remarquable au développement des entreprises nouvelles et existantes.

En cette année 2019, les graines de kénaf sont aussi rares que l'or. Il y en a très peu de disponible et leurs sources semblent aussi bien protégées que Fort Knox. Vous n'avez qu'à essayer d'obtenir la semence adéquate pour mettre sur pied une plantation d'un millier d'acres dans n'importe quelle région. Bonne chance!
Kenaf Partners USA a mis au point, après des recherches, et formulé des plans à court et à long terme pour permettre aux agriculteurs de tirer leur épingle du jeu dans cette ruée vers l'or

pour l'année 2019 et pour la suite. La première étape de la formule est la culture du kénaf pour ses graines. Il s'agit là vraiment d'une entreprise de production de « graines pour la vie » impulsée par Kenaf Partners USA en partenariat avec les agriculteurs en vue de garantir des options pour l'avenir. Il existe un grand besoin de production de graines et de fourniture de fèves/de bois/d'huile pour les marchés actuels et à venir pour cette plante polyvalente. QuickTurtle Books® explore quelques-unes des diverses propriétés et divers usages de cette plante dans son premier ouvrage intitulé Kénaf, Graines pour la vie. Il est disponible pour téléchargement gratuit à partir de: Kenaf

https://www.kenafpartners.com
https://www.kenafparnersusa.com/books.html
ou sur papier chez Amazon.

En l'état actuel des choses, un grand nombre d'agriculteurs américains sont subrepticement éconduits dans une impasse pavée de données erronées, d'une absence de données ou de recommandations d'intérêt particulier regroupées sous l'étiquette des « Bonnes pratiques ». L'imprudence actuelle du brevetage et de la manipulation des semences génétiquement modifiées, ainsi que l'utilisation superflue de pesticides, et d'herbicides, et les recommandations restreintes sur les éléments nutritifs du sol, devraient bientôt devenir une relique dans les livres d'histoire.

Si vous souhaitez conserver le sol de votre terre et vos graines pour les générations à venir, c'est maintenant qu'il faut agir. Il est temps de commencer à couper le cordon ombilical qui vous relie à ces géants chimiques qui manipulent et monopolisent sans cesse la production de vos semences et de vos cultures. Ce sont ces mêmes organisations qui font du lobbying auprès des membres de notre gouvernement et les corrompent au prétexte de promouvoir leurs pratiques culturales, du reste dangereuses et insoutenables. Le Programme pilote de production et sa contribution à ce combat, c'est votre succès!

Cet ouvrage constitue le lancement symbolique du secteur de cultivation du kénaf. Une fois lancés, nous ne regarderons plus jamais en arrière.

KENAF
SEED

Graine de kénaf

Semoir

Aucune terre ne devrait être gaspillée sur cette précieuse planète. Nous proposons de l'hibiscus et des moyens de le cultiver.

Investisseur
à agriculteur

Nous disposons de terres arables et de la volonté. Nous possédons des connaissances et des aptitudes mentales authentiques.

Graine
Agriculteur à agriculteur

Agriculteur au transformateur
Décortiqueuse

Transformateur
à fabricant

Assolement

Écoulement de l'eau
Key-Line Plow

Nos plans déployés nous permettent
d'exploiter la pluie,

GMOs

Arracher les graines du monde de l'emprise des OGM.

Je trouverai ma
propre eau!

Le kénaf est aussi résilient que
l’esprit humain;

NO
Pesticides
Herbicides
Poison

nous ne devrions jamais céder,
même si peu l'entendront.

Banque à graines

Sauvons nos graines pour entretenir nos rêves

Des tonnes de graines de kénaf

Nourrir le monde à sa manière et par ses moyens.

Dieu a posé le premier jalon sur nos terres.

Il est mieux d'accomplir la volonté
de Dieu de nos mains.

KENAF
Atelier
Kénaf
101

Aucun homme n'est esclave d'un « je ne peux pas » ou d'un « je dois ». Tous les hommes sont courageux et bons.

Kenafpartnersusa

Une communauté de partage

Nous disposons de terres arables et de la volonté. Nous possédons des connaissances et des aptitudes mentales authentiques.

Dollars kénaf

Le kénaf est aussi résilient que
l’esprit humain;
nous ne devrions jamais céder,
même si peu l’entendront.

Ensemencer le monde

La nouvelle culture commerciale de rotation pour les agriculteurs

Le kénaf offre une porte de sortie de cette spirale descendante de la diminution des rendements. En tant qu'agriculteurs, vous pouvez et devez prospérer et, par ricochet, faire prospérer le monde également. Kenaf Partners USA propose quelques informations et réponses très précieuses pour un accompagnement à long terme et l'application de pratiques culturales durables qui ne garantissent que prospérité dans le Programme des graines de kénaf. Ce programme a été conçu pour générer une source de prospérité à travers l'agriculture dans le futur par la production du kénaf et la multiplication d'infrastructures en vue de sa transformation et de la production des produits dérivés. Le kénaf est la culture commerciale de rotation de demain.

C'est maintenant qu'il faut agir!

Rendez-vous sur **https://kenafpartnersusa.com** et commencez une discussion avec **bob@kenafpartnersusa.com**

Glossaire

tremplin - tout moyen facilitant un avancement ou une progression

opportunité de plain-pied - position favorable ou opportunité de choix dont bénéficient généralement les premiers acteurs - notamment dans l'expression entrer « de plain-pied »

plante d'hibiscus kénaf - <i>Hisbiscus cannabinus</i>, de la famille mauve, produit des fibres, un noyau et de l'huile, dont on connaît aujourd'hui plus de 25 000 utilisations. Elle est plus proche du coton et du gombo, et non pas du chanvre, comme elle a été erronément caractérisée

en cours - en progression

plante commerciale de rotation - L'assolement est une pratique culturale consistant à cultiver plusieurs types de cultures non similaires ou différentes dans une même parcelle arable à une certaine séquence de saisons. Cette pratique est utilisée pour que le sol de la terre arable ne soit pas utilisé que pour un seul type de nutriments. Elle permet de réduire l'érosion des sols et accroît leur fertilité ainsi que le rendement des cultures. Les cultures commerciales sont des cultures produites pour leur valeur commerciale, et non pas pour l'utilisation personnelle du cultivateur remarquablement - significativement

condition - élément nécessaire pour atteindre une fin donnée

divers(es) - éléments très variés, éléments très différent

cordon ombilical - être réunis par (ou comme par) un cordon ombilical, entretenir une relation d'(inter)dépendance

décortiqueur - Un décortiqueur (du latin cortex, écorce) est une machine servant à retirer la peau ou l'écorce des noix, du bois, des plates, des graines, etc., en vue d'une autre transformation

déployé(s) - déroulé(s), ouvert(s)

résilient(e)s - capacité à pouvoir supporter des conditions extrêmes ou à pouvoir rapidement une fois qu'elles sont passées

multiplication - accroissement, développement ou expansion

Cet ouvrage a été rédigé en partenariat avec Books Makes Booms, une société affiliée à QuickTurtle Books, en vue de contribuer à la sensibilisation et au développement de la culture du kénaf et de la production des produits dérivés de celui-ci.

Le fondateur de Kenaf Partners USA, Robert Lawrason, réside à Onaway, Michigan. Robert travaille en collaboration et en partenariat avec bien d'autres personnes localisées dans 26 États.

« Je mets la nature au travail pour que nous puissions avoir différentes variétés d'aliments sains à manger. Je réfléchis sur des moyens pour nous de produire tout ce dont nous avons besoin pour vivre de notre terre. Je travaille à rendre cela joli. Une fois que la nature produit toutes ces formes variées qui cohabitent, elles continuent d'exister, produisent leurs propres familles et fournissent de la subsistance l'une à l'autre, ainsi qu'aux humains. Lorsque cela se produit, il nous reste beaucoup de temps pour nous divertir, faire de l'art et tout ce que nous voulons d'autre ».

M. Lawrason travaille avec des artistes, des scientifiques, des leaders, des enseignants, des entrepreneurs et des investisseurs en les considérant comme des guides visionnaires pour des projets susceptibles de contribuer à rendre ce monde meilleur.

Bob est disposé à répondre à toutes les questions que vous pourriez vous poser concernant les produits dérivés du kénaf. Vous pouvez lui écrire à son adresse électronique : **bob@kenafpartnersusa.com**

Richard et Mary Rensberry sont des écrivains spécialisés dans l'entrepreneuriat qui travaillent en partenariat avec de petites entreprises et écrivent des livres pour enfants pour celles-ci et pour les bonnes causes. Richard et Mary ont écrit des livres pour The Wild Frontier Fun Park de Comins, Michigan, Michigan Lighthouses, The Daily Grind of Mio, Michigan et Artists For A Better World. Ils ne ménagent aucun effort pour aider les petites entreprises à acquérir plus de notoriété en écrivant des livres qui permettent de personnaliser chaque petite entreprise et de susciter un plus grand intérêt pour elles auprès des générations à venir. Vous pouvez leur écrire à l'adresse : **maryandrichard@quickturtlebooks.com** pour de plus amples informations sur leurs livres et leurs services.

Books Make Booms et QuickTurtle Books site Internet: **https://www.booksmakebooms.com**

Suivez l'auteur/l'illustrateur Mary Rensberry à : **maryrensberry.wordpress.com**

Suivez l'auteur/l'illustrateur Richard Rensberry à : **richardrensberry.com**
Si vous avez appris quelque chose sur la plante de kénaf et que le livre vous a plu, veuillez laisser un aimable commentaire sur l'un des sites présentés ci-haut et sur **Amazon**.

Made in the USA
Monee, IL
05 November 2026

67379446R00031